從無到有的過程

　　就像觀察牽牛花的藤蔓慢慢的攀爬在牆面上一樣，當某樣東西一點一滴的形成時，總讓人興奮不已。

　　「從無到有工程大剖析」系列以繪圖的方式，介紹我們生活周遭的「巨大建設」，以及它們的建造過程。

　　翻開這本書，可以了解每項建設都必須經過多道施工，運用許多重型機械，加上大量人力的參與，才能建造完成。

　　讓我們帶著愉快的心情，看看日復一日，藉由時間不斷累積所建造出的巨大建設有多壯觀吧！

從無到有
工程大剖析

隧道

監修／鹿島建設株式會社
繪圖／武者小路晶子
翻譯／李彥樺
審訂／陳建州 雲林科技大學 營建工程系教授

目次

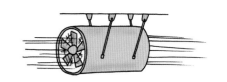

前言

不可或缺的隧道

當我們眼前聳立著萬丈高山，或是有一條很寬的水道阻隔去路時；為了到達另一頭，我們就不得不繞路。

這時我們的腦海中會浮現一個想法：「如果可以在這裡建造一條隧道該有多好！」

儘管有需求，但隧道不是輕易就能建造完成，施工過程中必須長時間反覆的挖掘，考量許多環節，例如：「開鑿一條隧道，對於大自然和居民會不會造成不良影響？」、「真的對多數人有幫助嗎？」等不同的想法。

我們生活周遭有各種隧道，有些隧道給人、汽車或火車通行，有些是給動物使用。除了陸地上之外，在地底下和海底也有隧道。人類挖掘這麼多隧道，表示隧道對我們來說真的很重要。

接下來，一起加入挖掘隧道的行列吧！

在建造的過程中，每一項施工要做些什麼工程？又必須使用哪些大型機具呢？

讓我們一起觀察各種厲害的隧道工程，體驗從無到有的過程是多麼奧妙與偉大吧！

開鑿隧道

讓我們開始挖掘隧道吧！
有了隧道，就能拉近大家生活的距離。

挖掘前的準備工作

決定好挖掘隧道的地點之後，首先把樹木鋸掉，再把地面整平。除此之外，還有一些事前的準備，例如：規畫放置材料的場所，蓋好預拌廠，將水泥和碎石等材料攪拌成混凝土。

為了將空氣輸送至隧道的最深處，以及方便安裝照明設備，也必須先設好電線管路。

在開挖之前，要做的事情可多呢！

挖掘隧道的必要設備

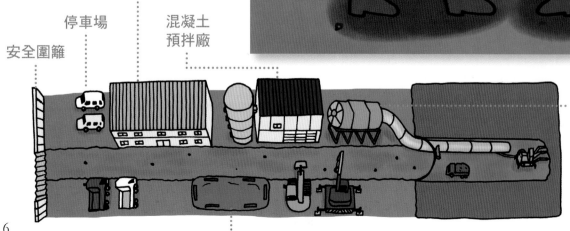

施工辦公室

停車場

混凝土
預拌廠

安全圍籬

風機
（輸送空氣的機器）

建材儲存區

防塵口罩和安全帽

挖掘隧道內的砂土和岩層時，為了防止吸入煙塵，
施工人員會戴上口罩。

保護頭部的安全帽，
和草帽一樣有帽簷。

設置
出入口

準備開挖時，最先挖掘的地方稱作「坑口」，也就是隧道的出入口。這個出入口必須架起彎曲的堅硬鋼架，搭成拱狀，這個拱狀的東西就是「鋼支保」。

接著，就按照鋼支保的形狀開始挖掘。

也有四角形的！

隧道的出入口根據使用需求不同，例如公路或鐵路，以及車道的數量，採用各種不同形狀，一般是半橢圓形，但也有可能是四角形。

高瘦半橢圓形

矮胖半橢圓形

四角形

向山神打個招呼

　　在日本，施工的隧道出入口上方
會放置一座「化粧木」。這代表著向
山神報告「接下來我們要挖山」，請
山神保佑，祈求工事平安。

註：在臺灣，沒有特定的祈求儀式，大多會在施工
前舉辦「開工動土典禮」。

化粧木

將松樹樹幹的兩端
削成尖角，形狀類
似神社的鳥居。

註：鳥居為日本神社的
建築之一。

以鑽孔機
來挖洞

　　施工時，挖掘面稱為「鏡面」。鏡面的前方，需要一輛有著三根臂桿的重型機械，不斷咚咚咚的用鑽孔機在岩壁上鑽孔。接著將炸藥埋入洞中，在距離洞口超過100公尺以上的地方進行引爆，爆炸後就可以進行挖掘。這個施工環節，稱作「爆破」。

　　每一次爆破，大約能挖掘1～2公尺左右。

鑽孔機

臂桿連接鑽頭，以不斷旋轉的鑽頭插入岩壁之中，挖出孔洞。臂桿最多可以安裝4支，一次能鑽掘2個以上的洞。

用電來引爆！

炸藥埋入孔洞後，接上電線，在安全的距離之外，藉由電力引爆炸藥。

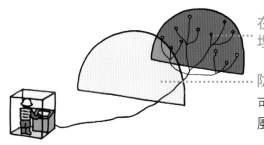

在所有的孔洞中埋入炸藥

防爆板
可以阻擋爆炸後引起的風暴或灰塵。

穩固挖過
的地方

　　爆炸之後，砂土或岩石的碎塊會掉落，要用側卸式裝載機等工程車收集碎塊，再運出隧道外。

　　為了防止因爆炸而變得鬆散的岩石崩坍，要出動混凝土噴漿車，在上面噴射混凝土，穩固挖過的地方。

混凝土噴漿車

以細小的管子，一口氣朝岩壁噴射出大量的混凝土，經常與混凝土攪拌車搭配使用。

運出碎塊

　　進行爆破後，會產生大量砂土或岩石的碎塊。施工人員會將這些碎塊放置在砂石車上，運往其他施工現場使用。

側卸式裝載機

車身連接著巨大鏟斗，負責將碎塊撈起，放進砂石車中。為了能在空間狹小的地方派上用場，鏟斗可以拆卸。

打入鋼條

在噴射過混凝土的地方，再打入名為「岩盤螺栓」的長長鋼條，防止隧道坍塌。

接著，又是鑽孔機大展身手的時候，要開拓隧道，絕對少不了它。

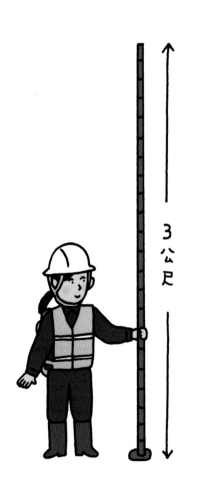

岩盤螺栓

用鋼鐵製成的粗棒，長度大約3～4公尺，重量約20公斤！即使很重，現場的施工人員還是能夠獨力把它抬起，插入孔中，好消息是，最近研發出自動插入的機器。

防止滲水！

開挖山壁或地面時，原本在地底下的水會滲透出來。為了防止滲水，隧道內側會貼上特製的防水板。

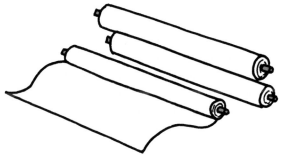

不斷
向前挖

反覆挖洞、實施爆破、運出碎塊、用混凝土和岩盤螺栓加以固定……不斷重複這4個步驟，隧道就挖得越來越深。

隧道裡一片漆黑，為了照明，天花板和壁面上會安裝各種照明燈具。

開挖隧道的順序

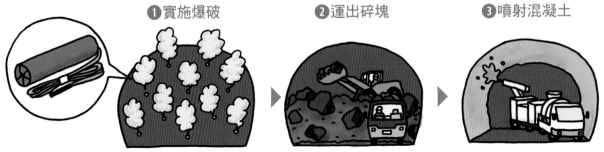

❶實施爆破　　❷運出碎塊　　❸噴射混凝土

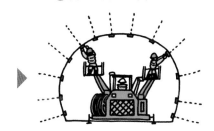

❹打入岩盤螺栓

開挖之後……

貼上防水板，進行
下一個循環施工。

看見

另一頭了！

　　隧道深處仍舊持續進行著爆破和岩盤螺栓的作業；另一方面，隧道口附近的壁面，已經鋪上漂亮的混凝土。

　　看見另一頭的光線了！

　　這個瞬間，代表隧道已經貫通到山的另一頭。

幫隧道上妝吧！

　　隧道牆壁經常是光滑漂亮的混凝土壁面，彷彿上了妝一樣。這個做法是推入系統模板，在模板內注入混凝土，硬化而成。

最後修飾的「覆工混凝土牆」

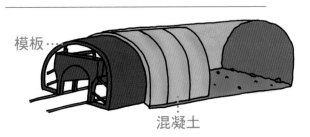

模板⋯⋯

混凝土

大家最開心的貫通儀式

　　隧道工程貫通至山頭的另一側時，會舉行特別的慶祝儀式，在洞口掛上恭賀布條和彩球，所有工程人員臉上都帶著開心的笑容。

守護安全
的機制

隧道的雛型已經完成了！不僅道路鋪好，照明燈也全部架設完成。

當然，安全措施也絕對不能少，交通標誌和緊急電話都要安裝上去。接下來就等隧道通車嘍！

噴射機的引擎？

隧道內的天花板上，會安裝像噴射機引擎的隧道風機，把車子排放的廢氣引到隧道外。

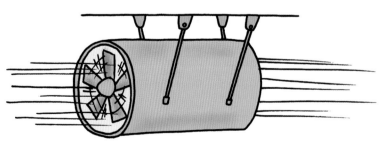

電話會打到哪裡呢？

　　當需要幫助的時候，可以使用高速公路或隧道內的電話。只要拿起話筒，電話就會自動接通到行控中心。

行控中心

經過特別設計的緊急電話，不會因車子的吵雜聲而影響通話品質。

21

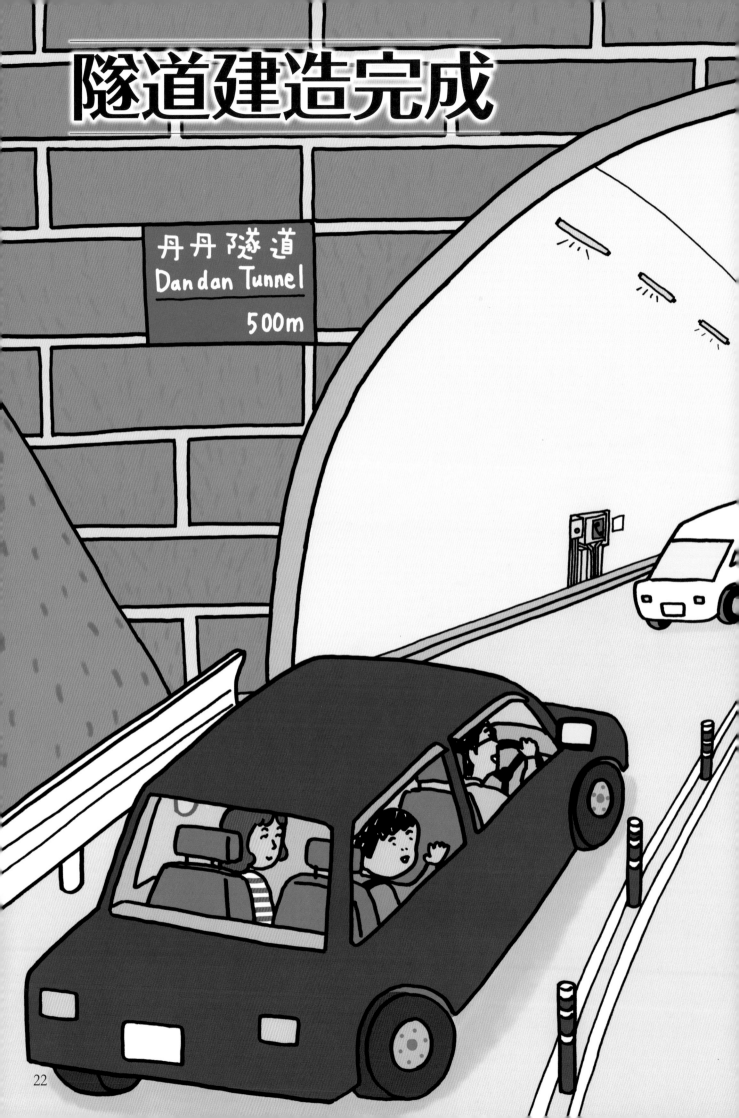

隧道建造完成

丹丹隧道
Dandan Tunnel
500m

後記

隧道可以改變世界

貫穿阻礙、方便通行的漂亮隧道完成了！

山的另一側城鎮不再難以到達，位在更遠地方的人群也能聚集而來。只要花很少的時間，就能前往遙遠的地方，讓生活變得更加方便。

除了穿過山脈的隧道，也有通過海底的隧道，有些海底隧道甚至是連接兩個國家的通道。或許有一天，世界各國能夠藉由隧道連結在一起哦！

找找看，你的住家附近有沒有隧道？它們的用途是什麼？

請試著仔細觀察隧道，你一定會有新發現！

關於隧道‧‧‧‧‧

隧道的起源
洞窟

很久很久以前，人類生活在「洞窟」中。洞窟是岩壁等大自然環境所形成的洞穴，因為可以遮風避雨，很適合用來居住。久而久之，人類為了獲得更多生活空間，便自己開挖洞窟。經過長時間的演化，當洞窟貫穿到另一頭，就形成現在的「隧道」。

洞窟？隧道？
想一想，哪裡不同呢？

洞窟與隧道的差異，就在於入口與出口是否相同。

入口與出口相同。

入口與出口不同。

最古老的隧道
通過河川下方的隧道

大約4000年前，位於美索不達米亞（現在伊拉克等國）的巴比倫，人們為了從河川下方通過，建造了隧道。在目前遺留下來的紀錄中，算是世界上最古老的隧道。

這是一項非常浩大的工程，據說在開挖隧道前，要先改變河川的流向，等隧道建成之後，再把河川的流向導回原始的狀態。

和尚徒手開挖的隧道

位在日本大分縣耶馬溪山谷的青之洞門，有一條花費30年，不使用任何機器徒手開挖而成的隧道。

西元1735年，法號「禪海」的和尚來到耶馬溪，看到許多人冒著生命危險通過斷崖，非常擔心。為了讓大家安全通行，他開始挖掘隧道。

那個年代還沒有重型機械，禪海和尚只用鑿刀和槌子當工具，再用化緣的錢僱用一些石工和他一起開挖，終於在西元1764年完成。

在沒有重型機械的古代，只能用鑿刀抵著岩壁，再以槌子敲打來進行開挖。

靠著許多人努力完成的
世界上各種有趣的隧道

⬆ 法國通往英國的隧道入口；火車不只運載人，還可以載運汽車。

⬅ 通過隧道抵達英國的出口。

⬇ 汽車直接開進火車車廂停好。

英國—法國

連接國與國的隧道

英法海底隧道是一條連接英國與法國的鐵路隧道，位於英吉利海峽多佛爾水道下。往來英國和法國的火車不只載送人，還可以載運汽車，相當方便，約半個小時就能通過，每天都有許多人利用這條隧道往返英國和法國。

臺灣

工程非常艱鉅的隧道

雪山隧道全長近13公里，是目前全世界長度排行第五的隧道。雪山隧道貫穿雪山山脈，地層複雜多變，拓建不易，耗時15年才完工，是臺灣第一條橫貫東西部的高速公路隧道。

世界上最長的汽車隧道！

洛達爾隧道堪稱是世界最長的汽車隧道，長達24.5公里，為了防止駕駛打瞌睡，隧道內特別裝設不同顏色的燈光，成為它的最大特色。

瑞士一法國

備有大型儀器的隧道

這條隧道的造型很特別，它的出口和入口緊連在一起，形成環形隧道，裡面設有歐洲核子研究組織（CERN）的大型實驗儀器。隧道的用途並非只是讓汽車或火車通過而已！

趣味十足

隧道施工時無可取代的
重型機械

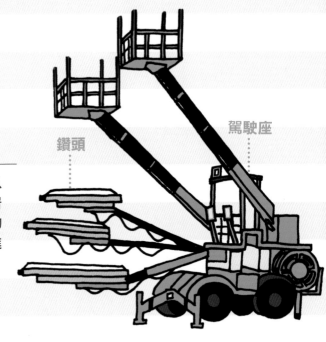

鑽孔機

強而有力的鑽頭，可以不停旋轉，在堅硬的岩石上鑽出孔洞。鑽孔的動作也是在駕駛座裡進行操作。

鑽頭　　駕駛座

混凝土噴漿車

可以噴射出混凝土的工程車。噴射混凝土的管路方向，可以從遠方操控。

攪拌桶

移動式升降作業平臺

在隧道中，安裝高處的照明燈時絕對少不了它。

混凝土攪拌車

攪拌桶中的混凝土不斷在旋轉，防止凝固。

30

炸藥搬運車

搬運爆破用的火藥。為了讓大家知道裝載有危險物品，車頭會印上「火」的字樣。

註：臺灣是派專車、由專人押運炸藥。

貨車式起重機

載貨卸貨時所使用。配備有起重機的貨車。

潛盾機

在軟土地層或海底開挖隧道時使用。旋轉的刀盤一邊將土塊或岩石削下，一邊向前推進。

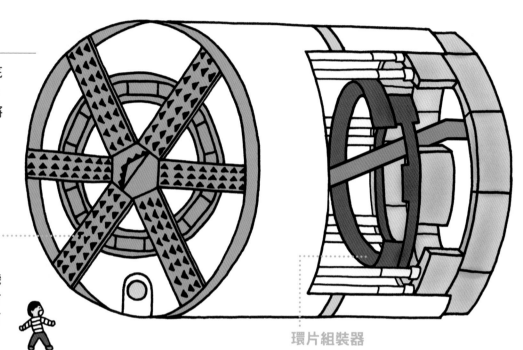

切削刀頭

黑色部分是刀刃，整齊排列，潛盾機往前推進時，它會一邊旋轉，將土石切下。

環片組裝器

潛盾機中的機械部位。在挖開的孔洞壁面，組裝名為環片的預鑄混凝土壁板，隧道就完成了。

以潛盾機開挖隧道

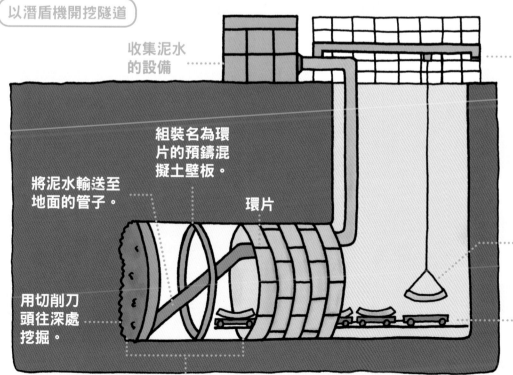

收集泥水的設備

組裝名為環片的預鑄混擬土壁板。

將泥水輸送至地面的管子。

環片

用切削刀頭往深處挖掘。

這是潛盾機

豎坑

為了開挖隧道，而在地面先挖掘的垂直坑洞。機器、建材、施工人員，都是從這個洞口進出。

以起重機類的機器，將環片送往坑底。

以環片組裝器運送環片。

監修｜**鹿島建設株式會社**

　　鹿島建設株式會社是日本五大建設公司之一，總公司設址於東京，創辦於1840年，在日本建築業的發展中占有相當重要的地位，主要建造涵蓋水壩、橋梁、隧道、棒球場等，尤其在建造核電廠及高層建築物方面享有盛譽。

繪圖｜**武者小路晶子**

　　出生於日本福岡，現居住在東京。畢業於筑波大學理工系，曾在MJ Illustrations進修。對「社區總體營造」領域感興趣，喜歡描繪街道、建築物和群眾景象；目標是畫出讓所有人會心一笑的有趣插圖。作品也涵蓋繪畫日記與刺繡。

翻譯｜**李彥樺**

　　日本關西大學文學博士，曾任私立東吳大學日文系兼任助理教授，譯作涵蓋科學、文學、財經、實用書、漫畫等領域，作品有「NHK小學生自主學習科學方法」（全套3冊）、「5分鐘孩子的邏輯思維訓練」（全套2冊）、「〔實踐創意〕小學生進階程式設計挑戰繪本」（全套4冊）、「數字驚奇大冒險」（全套3冊）（以上皆由小熊出版）。

審訂｜**陳建州**

　　現任國立雲林科技大學營建工程系教授，曾任高屏溪橋建造工程師、國立中央大學工學院橋梁工程研究中心顧問、中華顧問工程司正工程師；研究與授課範圍廣含結構動力學、橋梁工程、預力混凝土、工程數學、基本結構學、鋼筋混凝土和測量學等。

照片提供
P26、P27下、P28上、P29：shutterstock；P28下：達志影像

閱讀與探索
從無到有工程大剖析：隧道　監修／鹿島建設株式會社　繪圖／武者小路晶子　翻譯／李彥樺　審訂／陳建州

總編輯：鄭如瑤｜主編：施穎芳｜責任編輯：王靜慧｜美術編輯：陳姿足｜行銷副理：塗幸儀

社長：郭重興｜發行人兼出版總監：曾大福
業務平臺總經理：李雪麗｜業務平臺副總經理：李復民
海外業務協理：張鑫峰｜特販業務協理：陳綺瑩｜實體業務協理：林詩富
印務經理：黃禮賢｜印務主任：李孟儒
出版與發行：小熊出版・遠足文化事業股份有限公司
地址：231 新北市新店區民權路 108-2 號 9 樓
電話：02-22181417｜傳真：02-86671851
劃撥帳號：19504465｜戶名：遠足文化事業股份有限公司
客服專線：0800-221029｜客服信箱：service@bookrep.com.tw
Facebook：小熊出版｜E-mail：littlebear@bookrep.com.tw
讀書共和國出版集團網路書店：http://www.bookrep.com.tw
團體訂購請洽業務部：02-22181417 分機 1132、1520

法律顧問：華洋法律事務所／蘇文生律師｜印製：凱林彩印股份有限公司
初版一刷：2021 年 5 月｜定價：350 元｜ISBN：978-986-5593-15-5

國家圖書館出版品預行編目（CIP）資料

從無到有工程大剖析：隧道／鹿島建設株式會社監修；武者小路晶子繪圖；李彥樺翻譯；陳建州審訂 . -- 初版 . -- 新北市：小熊出版：遠足文化事業股份有限公司發行 , 2021.05
　　32面；29.7×21公分 . （閱讀與探索）
　　ISBN 978-986-5593-15-5（精裝）
　　1. 隧道　2. 道路工程

441.9　　　　　　　　　　　　　110004728

DANDAN DEKITEKURU3 TUNNEL
Copyright@ Froebel-kan 2020
First Published in Japan in 2020 by Froebel-kan Co., Ltd.
Complicated Chinese language rights arranged with Froebel-kan Co., Ltd., Tokyo, through Future View Technology Ltd.
All rights reserved.
Supervised by KAJIMA CORPORATION
Illustrated by MUSHANOKOJI Akiko
Designed by FROG KING STUDIO

小熊出版讀者回函

小熊出版官方網頁

從無到有 工程大剖析

全4冊

城市冒險
GO!
隧道

認識生活周遭的
巨大建設！

滿足好奇心與臨場感的知識繪本
啟發孩子對科學與工程探索的樂趣

圖解各項施工步
驟好厲害！

重型機械圖鑑
好精采！

1 道路 2 隧道

3 橋梁 4 大樓